U0061172

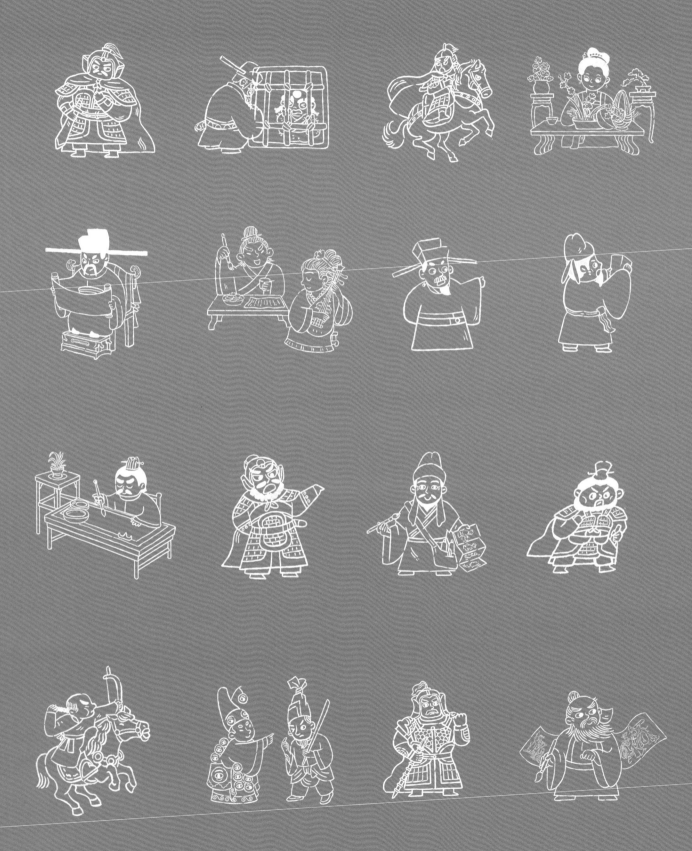

歷史解謎遊戲書

我在宋朝當神探

段張取藝 著

新雅文化事業有限公司
www.sunya.com.hk

歷史解謎遊戲書
我在宋朝當神探

作　　者：段張取藝
文字編創：肖嘯
繪　　圖：李勇志、劉娜
責任編輯：陳奕祺
美術設計：劉麗萍
出　　版：新雅文化事業有限公司
　　　　　香港英皇道499號北角工業大廈18樓
　　　　　電話：(852) 2138 7998
　　　　　傳真：(852) 2597 4003
　　　　　網址：http://www.sunya.com.hk
　　　　　電郵：marketing@sunya.com.hk
發　　行：香港聯合書刊物流有限公司
　　　　　香港荃灣德士古道220-248號荃灣工業中心16樓
　　　　　電話：(852) 2150 2100
　　　　　傳真：(852) 2407 3062
　　　　　電郵：info@suplogistics.com.hk
印　　刷：中華商務彩色印刷有限公司
　　　　　香港新界大埔汀麗路36號
版　　次：二〇二二年七月初版

原書名：《我在古代當神探 ── 我在宋朝當神探》
著／繪：段張取藝工作室（段穎婷、張卓明、馮茜、周楊翎令、李昕睿、肖嘯、李勇志、劉娜）
中文繁體字版 © 我在古代當神探 ── 我在宋朝當神探 由接力出版社有限公司正式授權出版發行，非經接力出版社有限公司書面同意，不得以任何形式任意重印、轉載。

ISBN：978-962-08-8045-2

Traditional Chinese Edition © 2022 Sun Ya Publications (HK) Ltd.
18/F, North Point Industrial Building, 499 King's Road, Hong Kong
Published in Hong Kong, China
Printed in China

有一隻叫作小咕嚕的神獸，牠的學名叫作獬豸（粵音蟹自）。牠長得既像羊又像麒麟，身上有着細密的絨毛，頭上頂着長長的獨角。小咕嚕翻開了一本有魔法的書，被瞬間帶回了宋朝。各位小神探必須解答出這個朝代每一個案件中的謎題，才能將小咕嚕帶回現實世界。

小神探，你能答疑解難，任務通關，讓小咕嚕成功從書中脫身嗎？

小咕嚕

目錄

玩法介紹

一 閱讀案件資訊，了解案件任務。

翻頁進入案發現場。

案件的
背景

需要完成的
任務

二 案發現場，關鍵發言人的對話對解謎有重要作用。

圓圈顏色對應畫面同色的對話框。

龍袍不見了，如果找
不到，我們都要被軍
法處置，我記得龍袍
上有藍色刺繡。

重要提示：

相同顏色的對話框
是同一個任務的線
索。

任務一

任務二

任務三

部分案件需要用到貼紙道具。

通過推理將貼紙歸位。

 恭喜你任務通關，想要知道案件的全部真相，
請翻看第 51 至 55 頁的答案部分。

 每一個案發現場都有小咕嚕的身影，快去找
到牠吧！想知道答案，請翻看第 56 頁。

你能找到我嗎？

大宋興衰詩

五代亂世歸一統，黃袍加身定九州。

澶淵城下立盟約，百年太平得繁華。

包公斷下無冤案，介甫執政有新堪。

張生神筆繪汴梁，歌舞承平百態生。

徽欽只好玲瓏璧，一朝貪安棄河山。

武穆欲雪靖康恥，風波亭碎十年功。

奸佞秉持朝中事，鐵蹄踏境猶歌舞。

趙宋已隨風流逝，千古謎案越今朝。

你能找到龍袍嗎？

驛橋陳

龍袍不見了

案件難度：⭐

　　趙匡胤（粵音孕）的手下想要擁立他當皇帝，悄悄準備了龍袍和一些象徵皇權的物品。第二天一早，這些物品卻丟了，也不知道趙匡胤在哪個營帳裏。小神探，你能幫忙尋找丟失的龍袍和其他象徵皇權的物品，並推測出趙匡胤所在的營帳嗎？

案件任務

一 尋找丟失的龍袍及三樣象徵皇權的物品。

二 尋找趙匡胤所在的營帳。

象徵皇權的物品

冕旒冠
（旒，粵音劉）

玉璽

御用寶劍

龍袍

輔兵

龍袍不見了，如果找不到，我們都要被軍法處置，我記得龍袍上有藍色刺繡。

驛橋陳

將軍現在在哪兒呢？

副將

趙匡胤大人去哪兒了？我們找他有急事。

謀士

趙將軍說要休息一會兒，就進了後面的尖頂帳篷裏。

小兵

趙將軍最喜歡馬，就連睡覺都要選離馬廄近的帳篷。

答案在第 51 頁 ▶

杯酒釋兵權

小神探找齊物品後，眾將領擁立趙匡胤當上了皇帝。後來，趙匡胤認為這些將領權力太大，既然今天能擁護他當皇帝，改天也能聯合起來擁護別人當皇帝，於是在酒宴上旁敲側擊，暗示將領們交出兵權。最後他給了他們每人一大筆錢，讓他們交出了兵權回鄉養老，這就是著名的「杯酒釋兵權」。

重文輕武那些事

趙匡胤是由將士擁立為帝，建立宋朝。他很擔心歷史會重演，便實施重文輕武的政策，重用文人而削弱武將的權力。這樣的政策，會帶來什麼利弊呢？

優點

約束武將權力

宋朝扭轉了之前幾十年朝廷重武輕文的風氣，杜絕了兵變造反的情況發生，有利於穩固政權，讓社會更加安定。

優點

促進經濟發展

文官更重視經濟的發展，這促進了宋朝經濟的繁榮，而一般老百姓的生活水平也就水漲船高了。

缺點

削弱部隊戰鬥力

武將打仗要聽從不懂軍事的文官指揮，行軍布陣都非常死板，嚴重影響軍隊的戰鬥力，導致對外戰役常常失敗。

缺點

名將壯志難酬

宋朝有許多出色的將領，比如楊家將、狄青、岳飛等，他們都想建功立業，但因為武將身分，總是被皇帝猜忌。

宋遼訂立和約

案件難度：

　　北方的遼國兵強馬壯，多次攻打宋朝廷，宋不是其對手，只好找遼議和，想要結束戰爭。書房裏，宋真宗皇帝和大臣們正密鼓緊鑼地商量和約的細節。小神探，你能幫忙尋找遼王想要的寶貝，並選擇宋遼兩方都能接受的和約方案嗎？

案件任務

一　尋找遼王想要的獸首瑪瑙杯。

二　選擇符合雙方要求的和約方案。

遼王

南方的土地我住不慣，他們要是再加點錢，最好把獸首瑪瑙杯送給我，我就退兵。

宋真宗

能用錢解決的問題都不是問題，只要價值不超過六十萬兩白銀，我就不心疼。為此我們準備了三個方案。

大臣

獸首瑪瑙杯就值五萬兩白銀，現在的布價一匹也要二兩銀子，這回真要大出血了！

大臣

我們白銀不多，多給點布可以，但銀子不能一次性給二十萬兩以上。

答案在第 52 頁 ▶

宋朝皇宮

方案一：

銀子二十萬兩
絹布十萬匹

方案二：

銀子三十萬兩
絹布十五萬匹
獸首瑪瑙杯

方案三：

銀子十萬兩
絹布二十萬匹
獸首瑪瑙杯

澶淵之盟

　　小神探幫助選擇彼此都能接受的方案後，遼和宋在澶淵立下盟約，結為兄弟之國，約定之後互不侵犯、友好往來，這就是著名的「澶淵之盟」。此後，宋、遼一百多年間都沒有發生戰事，百姓終於得到了久違的安寧。

遼那些事

　　遼國由本身是遊牧民族的契丹族建立，國祚有二百多年。在宋真宗年間，遼國由遼聖宗親政後，進入全盛時期，在多次與宋朝的戰事中都獲勝。

上京

　　遼的五座都城中最繁華的一座，在今天的內蒙古赤峰市北部，當時就有許多少數民族和外國人居住，是一座國際化的大都市。

東京

　　遼攻佔渤海後，在當地建立的城市，主要用來監視當地老百姓。遺址在今天的遼寧遼陽附近。

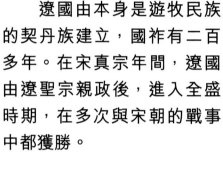

中京

　　上京的陪都（首都以外另設的副都），來自各國的使者、商人都居住在這裏，是遼的外交中心，在現在的內蒙古赤峯市南部。

西京

　　離宋朝最近的都城，在現在的山西大同，與宋朝的貿易往來非常密切。

南京

　　即現在的北京市，在當時是五京中面積最大的一座。遼之後，金、元、明、清均定都於此。

被調包的名畫

案件難度：⭐⭐

太師家的下人和他人勾結，將一幅名貴的畫調包了，現場只留下半塊玉佩。太師急忙請大名鼎鼎的包拯來府上斷案。小神探，你能幫太師找到名畫的真跡，並查明真相，抓住疑犯嗎？

案件任務

一 尋找名畫真跡。

二 找出說謊的下人。

三 尋找前來賞畫的三名文人中，誰是收買了下人替他偷畫的疑犯。

包拯

看來是內外勾結把名畫調包了，但真跡  應該還沒來得及轉移走。

丫鬟

我在花園裏澆花時，好像看見花叢中有人影閃過，那裏是去書房的必經之路。

僕人

我整個上午都在後廚忙活，劈柴、運貨，根本就沒時間偷東西呀。

從沒見過太師這麼氣憤。

家丁

我今天拉肚子，上午都在茅廁，中午好些就直接去後廚幫忙了，其他地方哪兒也沒去。

張生

太師邀請我們來賞畫，我是跟穿白衣的王兄和穿藍衣的李兄一起來的。

管家

我睡覺的時候，聽見有人和小偷在做交易，他們走得很匆忙，留下了這半塊玉佩。

答案在第 52 頁 ▶

包青天

小神探和包大人聯手，成功找回名畫，並抓住了疑犯。包拯一生廉潔公正，為官剛毅，不依附權貴，鐵面無私，而且敢於替百姓伸不平，因此有「包青天」的美名。後世的老百姓甚至把他當作神明來供奉，盼望出現更多像他一樣的好官。

休閒那些事

宋朝的人平時都做些什麼呢？

飲茶

宋朝人常常將茶碾成粉後放入茶盞中，然後注水、攪拌，使茶和水混合後飲用。文人還將茶道變成一門藝術，深入日常生活中。

焚香

焚香是宋朝人生活中不可缺少的一環。文人雅士一邊享受香氣，一邊談畫論道，甚至有「無香何以為聚」的感歎，非常愜意。

插花

插花的藝術始於隋唐，到宋代普及至一般平民。宋代的插花以清麗、疏雅為風格，體現插花者的人生理念與品德節操，被稱作「理念花」。

掛畫

掛畫是指掛於茶會座位旁關於茶的畫作，宋代的掛畫以詩詞字畫的卷軸為主。觀賞掛畫是人們平時聚會時的重要活動。

抓捕大貪官

案件難度：

　　宰相王安石實行改革，推行了《青苗法》，但法令下達過程中總有貪婪的官員利用法令從中牟利。他的下屬之前派出了密探進行搜查，而這天他與下屬來到市集聯絡這個密探，準備將貪官繩之以法，你能幫助王安石嗎？

案件任務

一 找出誰是密探。

二 找出利用法令牟利的貪官，並用貼紙將他定罪。

關鍵發言人

王安石的下屬

密探帶着我的銀牌，專門調查有沒有官員利用法案為自己謀取私利。

王安石

朝廷頒布的《青苗法》不可能每個環節都能監督到位，這讓我很擔心！

地主

我給一位大人送了一塊稀有的玉佩和不少銀兩，他承諾可以免去我的賦稅。

百姓：我記得張貼的法令賦稅是兩成，怎麼現在變四成了？

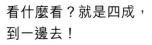

小吏：看什麼看？就是四成，到一邊去！

請用貼紙給貪官定罪

官員甲

官員乙

官員丙

官員丁

答案在第 53 頁 ▶

王安石變法

　　小神探幫王安石解決了老百姓的困惑，並將不合格的官員繩之於法。王安石變法初時取得一定成果，但在後續的執行中過於冒進、躁急，有些法令也不符合實際情況，因此遭到了社會反對。在支持王安石的宋神宗去世之後，變法也就宣告失敗，但是王安石剛正不阿、為國為民的形象卻深入人心。

放假那些事

宋朝的上班族有什麼假期呢？

旬假

　　宋朝的常規休假跟我們現在的周末很像，不過我們是一周休息兩天，而宋朝的旬假是每十天休息一天。

節假日

　　宋朝的節日非常多，每年春節、清明、冬至各休七天。另外，還有元宵節、中元節、皇帝太后的生日等，一年數十個節日，統統都放假。

探親假

　　宋朝十分重視孝道，如果成年後和父母住得很遠，每三年會有一個月的探親假，可回家照顧父母。

服喪假

　　假如父母去世了，不論身分高低貴賤，官員和百姓都一視同仁，必須在家為父母服喪三年。

張擇端的畫稿

　　通過篩查，目前官兵們鎖定了下面十一個疑犯。四個間諜中，除了之前已經確認的車夫，還剩下三個間諜的長相沒有確認。請幫忙找出真正的間諜！

官兵

車夫和其他三個間諜很狡猾，他們已經混入人羣，要趕快找出來。

內應

我見過兩個間諜：一個戴着耳環；另一個缺了一顆牙，口齒不清。

城裏有間諜

案件難度：☆ ☆ ☆

　　女真族（他們後來建立了金朝）一直對宋朝廷虎視眈眈。畫家張擇端前幾天在城外寫生時，無意中記錄下幾個女真族間諜的長相。官兵得知消息，連忙帶着被捉拿的女真族內應來到張擇端的家中。小神探，你能找到畫稿，協助官兵找出城中的間諜，粉碎他們的陰謀嗎？

案件任務

一 在張擇端的書房中尋找散落的五張畫稿。

二 從畫稿找出間諜混入城內時乘坐的馬車。

三 根據描述確認四個間諜的長相，並在場景中找出他們。

清明上河圖

　　小神探和官兵們通力協作，通過張擇端的畫稿找到了河邊上的間諜，將他們全部捉拿歸案，及時粉碎了他們的陰謀。經過了這件事，張擇端更加刻苦地磨煉自己的畫技。後來，他將收集到的汴京風土人情、地貌合為一體，畫出了舉世聞名的《清明上河圖》。

畫家那些事

宋朝有張擇端，那麼其他朝代又有哪些著名畫家呢？

顧愷之

　　顧愷之是東晉時期的大畫家，他非常擅長抓住人物神態，做到形似而具神韻，可惜因為年代久遠，他的畫作基本都失傳了。

吳道子

　　唐朝有「五聖」的說法，其中畫聖就是吳道子。吳道子作畫時非常投入，很快就能畫出　幅佳作，如有神助。

王冕

　　元朝的王冕（粵音勉）小時很窮，畫畫全靠自學成才。梅花是王冕最愛畫的東西，象徵高潔和堅忍的品質。

鄭板橋

　　鄭板橋是清朝時「揚州八怪」之首，他一生只畫蘭花、竹子和石頭，書畫風格異於常人，不落俗套，非常有趣。

探子

我們收到線報，有一個間諜的鬍子束成一撮一撮的，像野豬背上的尖毛一樣。

探子

畫像上是好幾天前他們的樣子，專業的間諜肯定會喬裝打扮一番，這下就更難找到他們了。

探子

間諜們都藏匿在人羣中，小神探，快把他們找出來吧！

這些間諜可以換衣服、刮鬍子，可是有些特徵是改變不了的，按照這些特徵，就一定能找到他們。

答案在第 53 頁 ▶

軍官

間諜是坐馬車混進城裏的，
到底是哪輛馬車有問題呢？

張擇端

我當時總覺得有些馬車痕跡
不合理，但又說不出問題出
在哪裏。

答案在第53頁 ▶

張擇端的畫稿

奇珍異獸去哪兒了?

案件難度：

　　宋徽宗（徽，粵音輝）整天吃喝玩樂，還下令全國上下都要給他獻上奇珍異寶。一艘滿載寶物的船奉命前往京城，在中途休息時，船上的動物跑了出來，名貴的寶石也不見了。小神探，你能幫船員找回走丟的動物，以及失蹤的寶石嗎？

案件任務

一　尋找三隻走丟的動物。

二　尋找紅色的寶石。

三　找出偷走寶石的疑犯。

關鍵發言人

我堂堂神獸，要是被他們當成動物關起來怎麼辦？這次任務就交給你了，小神探！

總管

每個籠子上都掛了動物名牌，船就要開了，要趕快把牠們找回來。

船工

國外進貢的五彩寶石少了一顆，紅色的 🔴 那一顆不見了！

很多動物都不見了！

船工

我們都在幹活，會不會是小動物們調皮地把寶石藏起來了？

船工

我養的小黑狗吃了就睡，不像貓咪和小猴子成天亂跳！

船工

我昨晚檢查完寶石儲藏室就鎖上門。今早醒來，寶石和鑰匙都不見了。

答案在第54頁 ▶

靖康之恥

一陣雞飛狗跳後，小神探終於和船員一起把動物們和寶石都找回來，船隻可以繼續啟航。宋徽宗天天沉迷於玩樂之中，導致政事荒廢，國庫空虛。北方的金軍趁機南下，俘虜了宋徽宗和剛受禪讓登基的宋欽宗，還搶走了無數人才和金銀財寶，並佔據了宋朝廷一大塊土地，史稱「靖康之恥」。

娛樂那些事

雖然古代沒有手提電話、電腦等娛樂設備，但是宋朝人的生活一點也不無聊，甚至在精神和物質文明方面，達至中國歷史上一個顛峯呢！

雜劇

由滑稽表演、歌舞和雜戲組成的綜合性戲曲，人氣很高，總是逗得人們哈哈大笑。

説書

宋朝的民間故事種類眾多，人們總喜歡湊在説書人身邊聽故事，精彩的話還層贏得滿堂喝彩。

皮影戲

又叫作「影子戲」，是用獸皮等材料做成人物剪影來表演故事。表演時，藝人在幕布後一邊操縱影人，一邊講故事，非常受歡迎。

相撲

相撲源於春秋時代，從春秋到秦漢時期名為「角抵」，帶有武術性質。宋朝時，出現了許多職業相撲手，靠贏得比賽的獎勵為生。

破金戰前會議

案件難度：☆☆

　　北宋滅亡後，徽宗之子趙構南下稱帝，建立南宋。岳飛為了收復失去的國土，帶領宋軍與金軍展開了大戰。現在，岳飛正和他的部下舉行戰前會議。你能區分宋、金兩軍不同的兵種，並幫岳飛規劃好行軍路線，保證軍隊按時抵達戰場嗎？

案件任務

 　將不同兵種的貼紙貼在對應的地方。

 　幫岳飛找出正確的行軍路線。

岳飛

將士

將士

金軍的輕騎兵叫拐子馬，喜歡在馬上射箭，他們的裝備不厲害，但人數多。

我們的騎兵叫背嵬（粵音危）軍，全是白馬銀槍，好看之餘又訓練有素。

重甲兵可以用大盾牌擋在前面，保護後排的弓弩（粵音努）手。

答案在第 54 頁 ▶

將士

金軍的重騎兵叫鐵浮屠，連人帶馬都穿着厚厚的盔甲，簡直刀槍不入。

將士

我的砍兵專門砍騎兵的馬腿，只要敵人下了馬，我的兵可從沒怕過誰。

將士

我軍的弓弩手用的不是一般的長弓，而是手弩。手弩雖然射程沒有弓箭遠，但威力卻強很多。

答案在第 54 頁 ▶

岳飛北伐

在小神探的出謀劃策之下，岳飛率領岳家軍一路勢如破竹，打敗了金軍，馬上就要收復所有失去的土地。但這時，皇帝和其他大臣擔心岳飛權力太大、威望太高，會威脅到皇權，便命令岳飛班師回朝。岳飛北伐最終功虧一簣，他更以「莫須有」罪名被處死。

武器那些事

要打贏一場仗，精良的武器一定不可缺少，在沒有坦克車、導彈、槍械的中國古代，士兵是以什麼武器進行進攻的呢？

蒺藜火球

又叫火蒺藜（粵音：窒黎），外面是帶尖刺的鐵球，裏面填上火藥。用投石器發射炸傷敵人，爆炸聲能驚嚇馬匹，讓敵軍騎兵喪失戰鬥力。

牀子弩

這種巨型弓弩用堅硬的木頭作為箭桿，鐵片當翎羽。射程遠，威力驚人，不論攻城守城都非常好用。

猛火油櫃

很早以前，古人就發現了石油，宋朝人發明了「火焰噴射器」，把石油點燃，用特殊裝置噴射出去，在戰場上殺傷力非常大。

抓出大叛徒

案件難度：⭐⭐

　　辛棄疾組織的抗金義軍被叛徒出賣，損失慘重。氣憤的辛棄疾帶着人馬突襲了敵軍大營，想要生擒叛徒，毀掉敵人的大本營。小神探，快幫辛棄疾找出叛徒的行蹤，並尋找五種易燃物品，燒掉敵人的營寨。

案件任務

一　找出躲藏在亂軍中的叛徒。

二　找出軍營中的五種易燃物品。

宋將 叛徒名叫張安國，他喜歡戴紅色帽子，使一枝長槍，這次一定要把他抓住。

宋將 大家盯緊了，蓄着大鬍子的人就是張安國，千萬別放過他。

金將

這個張安國，整天就知道玩他的玉佩，別人打上門來又不見人影了。

危險易燃品

爆竹

蠟燭

硝石

柴火

油

火油

答案在第 55 頁 ▶

宋軍半夜突襲，我們沒有絲毫防備。

文武雙全

　　小神探幫助辛棄疾生擒了叛徒，將叛徒押送回宋朝。抗金、收復失地是辛棄疾一生的願望，但由於他與當權派政見不合，因此總是遭到彈劾，最終隱居山林。官場失意後，辛棄疾把精力投放到詞的創作中。他的詞以豪放為主，有恢宏廣闊，也有精緻細膩，是歷史上最有名的詞人之一。

宋詞那些事

蘇軾

> 明月幾時有？
> 把酒問青天。

辛棄疾

> 醉裏挑燈看劍，
> 夢回吹角連營。

豪放派

　　宋詞中的豪放派往往氣勢磅礡，意境雄渾，充滿豪情壯志，讀起來給人一種積極向上的力量，代表人物有蘇軾、辛棄疾、岳飛等。

柳永

> 忍把浮名，
> 換了淺斟低唱。

李清照

> 昨夜雨疏風驟，
> 濃睡不消殘酒。

婉約派

　　宋詞中的婉約派語言含蓄，情緒多變，用字也講究「精雕細琢」，題材有個人遭遇、男女戀情，也有寫山水景色的，代表人物有柳永、周邦彥、李清照等。

解救蒙古使節團

案件難度：

奸臣賈似道扣押了從蒙古來的使節，並把他們關在自家的地牢底層，狡猾的獄卒還偷取了象徵他們身分的金項鏈。小神探，快繞開守衛，進入地牢底層的囚房，解救蒙古使節，並幫他們找回金項鏈。

案件任務

一 走出地牢的迷宮，找到囚房。

二 找出偷取使節金項鏈的獄卒。

三 找出三位蒙古使節。

密探甲

皇上派我們徹查賈似道的府邸，發現府邸下方竟然有地牢，紙上是已知的蒙古使節情報。

密探乙

地牢有三層，他們被關在最下面一層，潛入時不能被獄卒看到，相同顏色的樓梯可以通行。

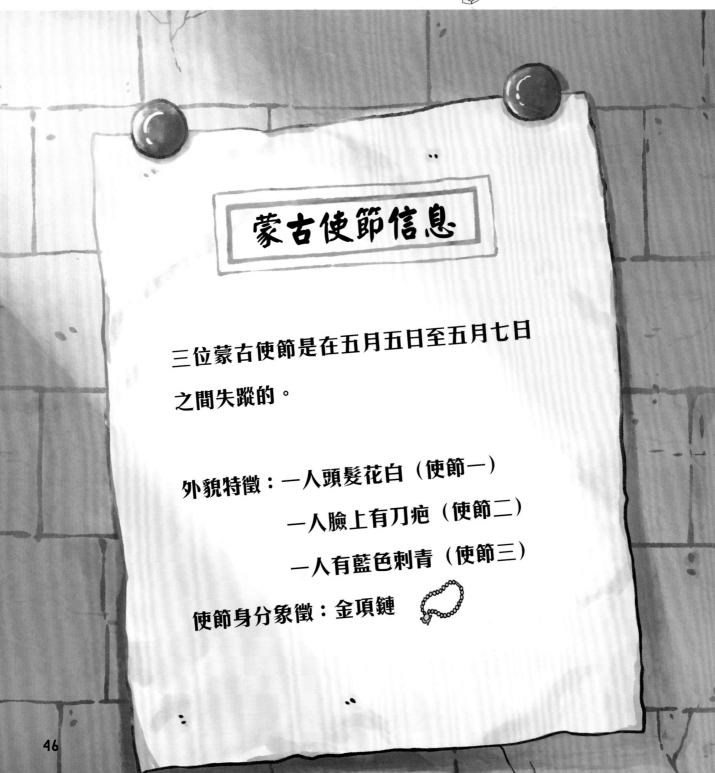

蒙古使節信息

三位蒙古使節是在五月五日至五月七日之間失蹤的。

外貌特徵：一人頭髮花白（使節一）

一人臉上有刀疤（使節二）

一人有藍色刺青（使節三）

使節身分象徵：金項鏈

南宋覆滅

　　蒙古使節被救出後，向蒙古大汗稟報了南宋奸臣掌權，引致朝政混亂不堪、民不聊生的情況。在內憂外患之下，南宋最終在崖山海戰戰敗後滅亡。之後，成吉思汗的後代忽必烈在這片土地上建立了元朝。

蒙古那些事

　　由成吉思汗統一的大蒙古國，版圖極為遼闊，不少中亞、東歐等地區都被征服。

成吉思汗

　　公元一二〇六年，鐵木真統一蒙古各部，建立了大蒙古國。他被擁立為大汗，尊號「成吉思汗」，成為大蒙古國皇帝。

蒙古包的特色

　　蒙古最傳統居住的建築就是蒙古包。為了放牧，居住草原上的牧民一年要搬幾次家，可以拆卸的蒙古包就非常方便。

銀樹噴泉

　　用金銀做成的假樹，以馬奶和酒取代水，奢華無比，極具遊牧民族的特色，但它已不復存在了。

蒙古的運動

　　摔跤是蒙古人最熱衷的運動，他們認為，真正的勇士一定也是摔跤能手。

答案在第 55 頁 ▶

地牢第一層

地牢第二層

答案

龍袍不見了

案件難度：☆

任務一

尋找丟失的龍袍及三樣象徵皇權的物品。

任務二

尋找趙匡胤所在的營帳。

　　根據謀士的發言，可以排除圓頂帳篷；根據小兵的陳述，可以鎖定趙匡胤的位置在馬廄附近的尖頂帳篷裏。

宋遼訂立和約

任務一
尋找遼王想要的獸首瑪瑙杯。

獸首瑪瑙杯

任務二
選擇符合雙方要求的和約方案。

應選方案三。因為方案一總值四十萬兩白銀，但缺少遼王想要的獸首瑪瑙杯；方案二總值六十五萬兩白銀，並且白銀花費超過二十萬兩；方案三總值五十五萬兩白銀，符合雙方要求。

被調包的名畫

任務一
尋找名畫真跡。

任務二
找出說謊的下人。

家丁在說謊。他的衣服上有許多沒來得及清理的葉子與泥土，證明他曾經去過花園。

任務三
找出前來賞畫的三名文人中，誰是收買了下人替他偷畫的疑犯。

根據張生的發言可知，穿白衣服的是王生，穿藍衣服的是李生。而管家撿到的半塊玉佩上恰好是「李」字的下半截，因此，與家丁勾結竊畫的就是李生。

抓捕大貪官

案件難度：⭐⭐

任務一
找出誰是密探。

注意這名密探懷裏藏着的是銀牌。

任務二
找出利用法令牟利的貪官，並用貼紙將他定罪。

官員丙

通過地主的發言，得知他送了貪官一塊稀有的玉佩。這名官員佩戴的玉佩與其他官員不同，而且我們能夠進一步發現這名官員身後的屋內公然擺放着貪污的銀錠，至此我們可以斷定收受賄賂與篡改法令的貪官就是他！

城裏有間諜

案件難度：⭐⭐⭐

任務一
在張擇端的書房中尋找散落的五張畫稿。

任務二
從畫稿找出間諜混入城內時乘坐的馬車。

三輛馬車都留下車輪印，而中間的馬車雖然運送的貨物與另外兩輛差不多，但痕跡較深，間諜就是躲在車上的稻草混入城的。

任務三
根據描述確認四個間諜的長相，並在場景中找出他們。

黃圈⭕的人，鬍子像野豬背上的毛束成一撮撮的。紅圈⭕的人，左臉有顆痣，帶金刀。藍圈⭕的人戴了耳環。綠圈⭕的人雖然換了衣服，但是左臉有痣，帶藍色刀，結合兩張畫稿，便知道他是車夫。

奇珍異獸去哪兒了？

案件難度：⭐

任務一
尋找三隻走丟的動物。

任務二
尋找紅色的寶石。

任務三
找出偷走寶石的疑犯。

根據船工們的描述可以排除人為，結合寶石位置判斷只有貓咪和小猴子能做到。而船工的鑰匙不見了，小猴子則拿著鑰匙，由此判斷，小猴子就是偷走寶石的「疑犯」。

破金戰前會議

案件難度：⭐⭐

任務一
將不同兵種的貼紙貼在對應的地方。

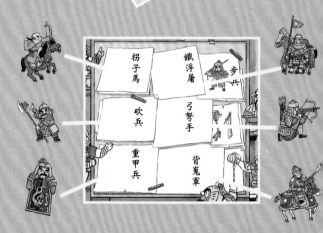

拐子馬　鐵浮屠　步兵
砍兵　弓弩手
重甲兵　背嵬軍

任務二
幫岳飛找出正確的行軍路線。

抓出大叛徒

案件難度：⭐⭐

任務一
找出躲藏在亂軍中的叛徒。

張安國的特徵是紅帽、長槍和大鬍子，排除圖中的干擾信息，鎖定金將的描述，攜帶玉佩的就是張安國。

任務二
找出軍營中的五種易燃物品。

解救蒙古使節團

案件難度：⭐⭐⭐

任務一
走出地牢的迷宮，找到囚房。

樓梯可以連接上下兩層的地牢，而顏色相同的樓梯🪜是走出迷宮的關鍵。

任務二
找出偷取使節金項鏈的獄卒。

仔細觀察他的腰帶處，就知道他便是偷取金項鏈的獄卒。

任務三
找出三位蒙古使節。

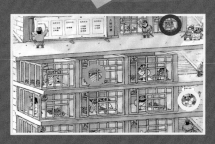

根據日期信息，首先將範圍縮小到五月五日至七日關押犯人的二、三、四、五、七、十一號房牢。然後根據花白的頭髮鎖定使節一〇，根據臉上的刀疤鎖定使節二〇，根據刺青鎖定使節三〇。

小咕嚕在這裏！

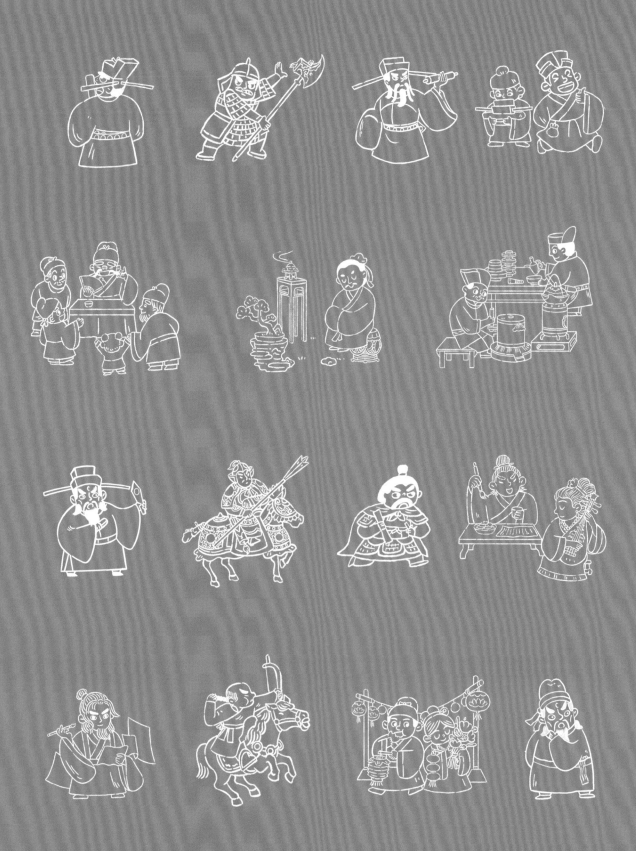